旧术犹新：

过去和未来的惊奇科技

李　婷　主编

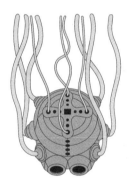

**关于死亡的技术、
认知和哲学**

U0281241

电子工业出版社·
Publishing House of Electronics Industry
北京·BEIJING

图书在版编目（CIP）数据

旧术犹新：过去和未来的惊奇科技. 关于死亡的技
术、认知和哲学 / 李婷主编. -- 北京：电子工业出版
社，2021.4
ISBN 978-7-121-40389-7

Ⅰ.①旧… Ⅱ.①李… Ⅲ.①科技发展 – 世界 – 普及
读物 Ⅳ.①N11-49

中国版本图书馆CIP数据核字（2021）第009602号

责任编辑：胡　南
印　　刷：河北迅捷佳彩印刷有限公司
装　　订：河北迅捷佳彩印刷有限公司
出版发行：电子工业出版社
　　　　　北京市海淀区万寿路173信箱　邮编 100036
开　　本：720×1000　1/32　印张：9.125　字数：170千字
版　　次：2021年4月第1版
印　　次：2021年4月第1次印刷
定　　价：98.00元（全四册）

凡所购买电子工业出版社图书有缺损问题，请向购买书店
调换。若书店售缺，请与本社发行部联系，联系及邮购电话：
（010）88254888，88258888。

质量投诉请发邮件至zlts@phei.com.cn，盗版侵权举报请发邮件至
dbqq@phei.com.cn。

本书咨询联系方式：（010）88254210，influence@phei.com.cn，
微信号：yingxianglibook。

关于死亡的技术、认知和哲学

人类乃至大部分我们所知的生物都会迎来死亡，在一些发达国家的人会早早地立好遗嘱，并交一大笔钱给人寿保险公司。完成对死亡的社会化承认后，我们高枕无忧地继续着自己的学习、工作和生活。那些在心脏病或事故中和死神擦肩而过的人获救后常常会出现价值观剧烈变动的例子，耶鲁大学哲学教授雪莉·卡根（Shelly Kagan）认为这证明了一些人并不相信自己终会死去的事实。

抛开"死亡存在但它不会降临在我身"这种不切实际的幻想，人类已经在寻找应对死亡的技术手段，《硅谷想让你更年轻》为我们介绍了 BioViva、Telome Health 等新技术公司所做的一种尝试——检测和延长一种与细胞寿命息息相关的染色体片段，谷歌的一家新公司 Calico 可能也在做与之相关的事。为什么生命需要有死亡这个灰暗的结局？如果能解答这个问题，面对死亡时我们或许会好受一些，《死亡：生命的另一种形式》从生命演化和细胞学层面给出了一些线索。思考死亡时想法最多的人可能还是哲学家，《死神失业带来的焦虑感》让我们一窥生与死带来的段子（以及哲学问题）：死亡可怖，但永生技术可能带来的重复和资源枯竭似乎也不那么好受。
好笑的故事隐含了一些严肃的哲学问题，再一看，死亡
可能并非最悲惨的结局。

硅谷想让你更年轻

作者 | lobby

"细胞分裂计时器"

　　比起把自己的大脑拷贝上传到机器中变成一个赛博格从而彻底告别死亡，延缓衰老或增加寿命对人们的吸引力显然要大得多。你身边的朋友也更喜欢在生日那天通过社交网络发一张自拍并附注"Forever young!"或"永远十八岁"，而不是去思考意识上传之后接踵而来的"自我"被复制或删除的问题。对于普通人而言，青春永驻和长生不老的可能性微乎其微，但一些生物学和医学科研工作者相信，人类仍然能够对自己的寿命做出一个预期，了解"我还能活多久"。在目前的寿命预期方法中，端粒（Telomere）扮演了重要的角色。

　　端粒是位于真核细胞生物染色体末端的 DNA 蛋白质复合体，起着保护染色体不被核酸酶降解、防止染色体互相粘连以及保证染色体完全复制的作用。限于 DNA 的复制机制，在正常情况下端粒在细胞分裂过程中无法被完整复制，伴随每次分裂，端粒会丢失一段，直至消耗殆尽。端粒本身不携带有效遗传信息，像是一节没有载客的空车厢，因此丢失部分端粒不会影响所在染色体DNA 的完整性。但端粒缩短到一定长度后，细胞会表现出明显的老化，端粒因而被喻为"细胞分裂计时器"。

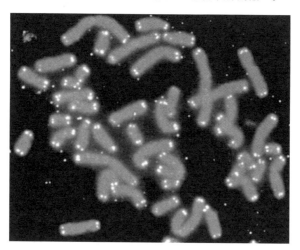

• 人类染色体上的端粒

　　端粒缩短和细胞老化的关系并不明确，一种可能性是缩短到一定程度后端粒会释放一种导致细胞衰老的蛋白质，促使细胞老化；另一种可能性则是失去端粒保护的染色体在复制过程中出现 DNA 损伤，触发细胞衰老或"自杀"（细胞凋亡）。

2009 年伊丽莎白·布莱克本、卡罗尔·格雷德和杰克·绍斯塔克由于发现了端粒和端粒酶对染色体的保护作用获得了当年的诺贝尔生理学或医学奖，媒体称其研究成果"揭开了衰老和癌症的奥秘"。但这个说法并不准确，端粒缩短和机体衰老关系密切，而目前仍没有确切的证据证明端粒缩短是导致机体衰老的因素[①]。

尽管如此，一些科研团队早已开始研究如何对不断"磨损"的端粒进行修补，提升"细胞分裂计时器"的计数上限从而让人类的自然死亡来得更晚一些。根据格雷德等科学家的研究，端粒酶可以帮助端粒补充受损的片段，但这种酶只在病毒细胞等机体内能够保持长期的活性。而在病毒细胞的无限制自我复制过程中，端粒酶起到了极为关键的作用。

抵抗衰老的"基因治疗"

2015 年 9 月，位于美国西雅图的生物技术公司 BioViva 宣布其总裁伊丽莎白·帕里什将接受自家公司开发的基因治疗，具体的项目内容包括延长染色体端粒

①　What Will Our Telomeres Tell Us?, *Discover*, May 2011.

长度和增加肌肉量。帕里什接受静脉注射经改造后的病毒，这种病毒作为载体运载端粒酶基因片段到目标细胞内，随后基因片段会和细胞基因整合，起到激活目标细胞端粒酶的作用。一个月后帕里什宣称已完成基因治疗，直到 2016 年 4 月 BioViva 终于发布了基因治疗前后端粒长度的测量数据：帕里什白细胞染色体的端粒长度从 6.71kb 上升到了 7.33kb[①]。

BioViva 提供的这份测量数据变化，仍在端粒长度测量的误差范围内，因此业界有不少人质疑这个数据的说服力。帕里什本人也表示需要时间进行深入研究，提供更多数据支撑。

"基因治疗"本身也引起了一些医学伦理争议，帕里什专程跑到南美的哥伦比亚去进行这个项目，为的是绕开美国食品药品监督管理局的相关规定。在帕里什以及一些研究者眼中，衰老就像癌症或病毒引起的感染一样，是一种缺陷或疾病，细胞衰老造成的死亡数目比其他疾病造成的要多得多（超过 10 万人 / 天），随着全球人口的老龄化这一趋势还会加重。帕里什因此得出结论，与其看着自己的同类死去，经济因为劳动力不足、养老压力巨大而崩溃，毋宁将基因治疗应用于人类的自

① kb，kilobase，即千碱基对，是一种常用的 DNA 长度单位。

然衰老上。[1]

　　访问 BioViva 的官方网页你会发现其科学顾问团队包括了乔治·丘奇，这位哈佛大学遗传学教授开创了个人基因组研究的时代，创立了第一家向个人用户提供完整基因组序列的公司 Knome，他至今仍然是 DNA 研究领域里的领军人物。丘奇本人相当支持对基因疗法的监管和许可证发放制度，帕里什的这次躲避监管行为也并未获得他的支持。

　　放在更大的背景下，抗衰老基因治疗项目只是目前诸多仍在研究测试中的基因改造项目之一，BioViva 目前在进行的项目也包括了利用基因疗法来治疗阿尔兹海默症、肌少症等疾病。只不过因为抗衰老基因治疗针对的是死亡这个人类共有的"疾病"，所以才获得了如此多的关注。

　　在 2013 年 1 月接受《明镜周刊》采访时，丘奇表现出明显的支持基因改造立场，但他更加强调在安全可靠的前提下一步步将基因改造从实验室里的病毒培养到动植物测试，最后应用于人体。丘奇认为通过基因改造来抵御流感或艾滋病，和上万年来人类对粮食基因驯化在

---

[1] Gene Therapy Makes BioViva CEO Elizabeth Parrish Younger, Blunter, and Resolute, *Inverse*, April 22, 2016.

本质上是类似的。[1]

诺奖得主的端粒测量服务

2009 年，在获得诺贝尔奖之后不久，布莱克本即成立了一家名为 Telome Health 的公司，他们向用户提供测量端粒长度的服务。用户提交自己的口腔内壁唾液样本或血样，Telome Health 会给出样本中白细胞内染色体的端粒长度，对比相同年龄层其他受试人的数据并据此来衡量用户的健康状况以及患上传染病、心脏病或心脑血管疾病的风险。[2] 起初该公司只向科研机构提供这项服务，随后布莱克本表示公众亦可通过各自的个人医生提交申请来进行这个检测，且费用会低于 200 美元。[3]

关于端粒长度信息本身能够用来做何种解读，在布莱克本成立该公司之初就存有争议，端粒的长度及磨损情况也会受到个人饮食习惯、运动状况、心理焦虑程度

---

[1] Interview with George Church: Can Neanderthals Be Brought Back from the Dead?, *DER SPIEGEL*, January 14, 2013.

[2] 刊载于《柳叶刀》的一项研究中，端粒长度较短的人群死于心脏病的几率是对照组人群的 3 倍，死于感染病的几率更是对照组人群的 8 倍以上。

[3] Telomere Nobelist: Selling a 'biological age' test, *New Scientist*, April 27, 2011.

等因素的影响。例如在 2013 年加州大学旧金山分校及加州当地一家非营利研究机构的研究报告中，受试群体在饮食习惯、运动、压力管理（Stress Management）、社会支持上的改变导致了更长的端粒长度[①]。布莱克本当然也注意到了相关的研究发现，干脆称端粒测量服务可以"帮助人们了解生活方式改变所带来的影响"。但这个说法似乎指向了一个老生常谈的健康原则，即"保持良好的饮食习惯并适当增加运动"。端粒长度测量反倒显得多此一举：生活方式改善带来的机体积极变化体现在很多方面，例如免疫力提升和体能增强，也许只有强迫症才会要求非看到端粒长度的变化不可（如果测量结果是准确的话）。

　　向一般公众开放端粒长度测量服务的诺言还未兑现，2013 年由于公司管理方面变动布莱克本及另外两位联合创始人退出 Telome Health 并停止了与该公司的任何关系，四位创始人只余下卡尔文·哈雷博士（现任首席科学家）继续努力。同年 10 月 Telome Health 宣布改名为Telomere Diagnostics，并计划将其检测专利 TeloTest 逐

[①]　*Lifestyle Changes May Lengthen Telomeres, A Measure of Cell Aging*, University of California San Francisco, September 16, 2013

步向全美医师开放。遗憾的是根据官方网站的公开信息，Telomere Diagnostics 的服务重心已转移至肿瘤的分子诊断上，原先的端粒长度测量服务也只字未提。

当然，端粒长度测量的方法不止一种，例如丘奇手下亦曾握有一家提供另一种方式来测量端粒长度的公司，TeloMe。他们在 2013 年初推出了直接面向个人的检测试剂盒并在 Indiegogo 上发起总额为 25000 美金的众筹，个人检测的费用在 49 美元到 99 美元不等（视支持者是否共享其测量数据）。只是大家对这个测试的热情似乎并没有那么高，众筹最终只完成了目标金额的 57%。尽管参与众筹的支持者们仍然完成了这个测量过程，Telome 的个人检测项目并未继续运营下去，其官网目前已无法访问。

Google 对"治疗死亡"的兴趣

让死亡放慢脚步不只是个别科研机构、研究小组的梦想，早已开始关注健康领域项目的 Google 在 2013 年 9 月宣布成立新的独立医疗公司 California Life Company（简称 Calico），其主要涉足领域也在应对衰老及其带来的相关病症（阿尔兹海默症、癌症、心脏病等）上。

但一提及实际的操作办法，无论是拉里·佩奇还是

Calico 的 CEO 阿瑟·列文森都三缄其口。在接受《时代》杂志专访时，佩奇卖关子式的一句"治疗癌症并非你可能认为的那样是一个巨大进步"引发了各领域科学家及从业者的猜测：Calico 究竟在做些什么？

　　TechCrunch 以及 CNN 都对相关的猜测进行过梳理，主要的几种猜想除了我们上面提及的植入端粒酶基因外，还包括纳米技术、器官替换和冷冻疗法等。我们曾与纳米技术的拥趸库兹韦尔聊过该技术在"人类永生"计划中所处的地位，利用纳米机器人投放药物或修补基因仍处于实验室阶段。丘奇则认为，在未来利用器官替换治疗疾病或许将成为克隆技术的有利辩护理由之一。

　　冷冻技术是这其中唯一已投入商用的策略，尽管它算不上一种正面回应。我们可以简单地将其理解为把你的"肉身"或直接是大脑浸入液氮里保存，直到技术条件成熟到能够将你"复活"的时候——这项技术的应用前提是你已经达到法定死亡（legal death）的条件。条件足够苛刻，服务过程出错追责起来似乎也比较麻烦，你得找一个人在你法定死亡后替你行使权利。

lobby　　|　　看门的，做过很多倒卖信息的工作。

死亡：生命的另一种形式

作者 | 理查德·贝利沃，丹尼斯·金格拉斯　　**译者** | 白紫阳

未知生，焉知死？ ——孔子（公元前551—前479）

如果不能正确了解生命的复杂性，那要想理解并接受死亡会非常困难。我们必须意识到，人类的存在，与这个星球上其他任何生物体的存在一样，都起源于距今40亿年前一个小初级细胞身上发生的异乎寻常的进化。促使生命得以发生的外部条件是如此难以同时得到满足，以至于至今在我们已经能够探索的宇宙中，尚未发现其他任何一个星球上有过生命体存留的迹象。面对着生命的难能可贵，以及极端的复杂性，在我们问出诸如"为什么会出现疾病"、"为什么生命的存在会随着死亡而终结"这样的问题之前，首先应该讶异于生命居然会横空出现在我们生存的地球上，甚至还建立了如此丰富多

彩的物种多样性；其中当然包括了人类这个物种，以及其他所有曾经存活或现在仍存活在这个星球上的物种。

生命是美好的

　　生命是永恒的奇迹之源。神经元细胞工作的神奇效应使我们能够思考，保留关于重要事情的记忆；免疫细胞能够辨认并吞噬掉病原菌，保护我们的机体免受外来侵入；视网膜细胞捕获光线中光子的机制使我们拥有视力并欣赏我们周遭世界的一切美好。细想起来，所有这些让我们怎能不惊叹！一个卵子和一个精子的结合，居然能够生发出一个由 100 万亿个功能各异的细胞构成的复杂人体，从而承载我们称之为"生命"的这一段传奇经历！我们经常会着迷于科技的进步，并被各式各样不断翻新的小玩意儿深深吸引，但我们大多数时候都没有意识到，组成我们身体的这些细胞才代表了真正的"完美"。我们生活中那些表面上司空见惯的小行为，如刷牙、穿针、用榔头敲钉子，其实都需要调动数量多到难以置信的神经信号来协调视觉信号、肢体定位信号以及肌肉收缩强度信号。不幸的是我们总是只能等到衰老或患病时才会真正去体会使我们机体正常运转的生命质量，也只有这时我们才会懂得拥有健康体魄的意义。

生命的演化

　　研究自己的家族谱并认识自己的祖先，知道他们是谁以及他们生活的大致轮廓，是了解我们自身存在的模板的一种切实有效的途径。但是，相隔十五代（约400年）以上的祖先就很难准确锁定了，因为这之前的卷宗和档案材料大多都在无数历史突发事件中或遭损毁或被严重歪曲了。在追索地球生物整个谱系的努力中，我们同样遇到了相似的问题。其实尽管一些可溯及几百万年前的原始生命通过化石的形式留下了一些可供探询的迹象，但化石只可能在极其特殊的条件下才得以形成，因而只能体现出地球上所曾出现的生物群体中极微不足道的一小部分。值得庆幸的是，对大量现存物种的基因遗传物质的研究已经取得了巨大的进展，现在已经可以通过估计物种间的存在相似性来确定其亲属关系的程度以及其共同祖先。根据这个名副其实的"分子家谱"，我们能够回溯时间的长河，追寻那些生命种群在这个星球出现的各个阶段，以及这些时期的大致面貌，直到今天这般繁荣局面。根据我们现在已有的数据，世间所有不同纲目的生物都可以归总成三个活体大类（称为域），分别是细菌域、古菌域（与细菌相类似，但通常仅生活在极端环境中）以及真核生物域。这三类又可追溯到同一个出现于距今约 40 亿年前的统一共同祖先 LUCA。

这种生命体的大分化不是一夜之间完成的：在占地球生命历史的六分之五的 30 亿年间，单细胞有机物是地球生命的唯一形态。如果我们把地球生命存在历史的 40 亿年时间浓缩在一年 365 天的时段中，那么由 1 月 1 日开始，单细胞生物是地球上的唯一居民，这种状态一直延续至 11 月 6 日第一批无脊椎"动物"出现，再后来到了11 月 20 日，原始植物形态加入其中，11 月 24 日鱼类出现，11 月 29 日昆虫出现，直到 12 月 25 日初级哺乳动物才诞生。那么说到我们原始人类，他们出现于 12 月 31日，新年钟声前 30 分钟而已。

根据常识以及达尔文的学说，我们现在了解到生命形态的不断分化并不是随机发生的，而是遵从着一种不以意志为转移的自然规律，即自然选择的结果：最善于适应环境改变的有机体将有更大的可能性存活下来，因此也更有可能拥有较强的生育能力，繁衍更多的后代。相反的，不具有适应性的物种在面对这些艰苦条件时就会出现种群缩小的境遇，在长期看来该种族就会整体消亡。这种自然铁律是毫无情面可言的：据估计在地球形成经历过多次重大的自然动荡期（陨星撞击、火山喷发、陆块漂移、大陆冰期等等）之后，在生命最初出现以来存在

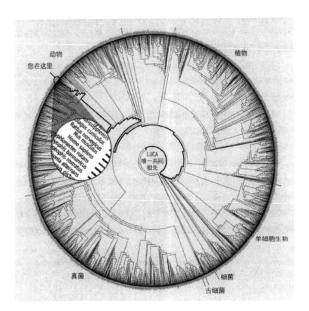

● 生命的出现

过的物种中，大约 99% 都已经灰飞烟灭了。可以说，生命存在的历史同时也就是一部死亡的历史。

生命的发生

虽然不能排除也有生命形态在宇宙中其他星球上萌发的可能性，但我们所认识的这些生命在地球上得以出现的确是非常罕有的现象。我们已经越来越清晰地了解到大约 40 亿年前生命最初诞生时的环境。1953 年，化学家斯坦利·米勒首先宣称：在那个时期，我们这个星球上占主导地位的极端大气条件（存在甲烷、氢气、气态氨与剧烈的电运动相结合）之下，可以自发地生成一些构成生命所必需的基础元素，特别是氨基酸。最近已被证明，这些条件也有可能导致核苷酸的形成，核苷酸是今天常见的遗传物质（DNA 和 RNA）的基本成分。地球上所有的生命形态，从最基本的细菌进化到较高阶段的动物如人类，都是依赖同样的 DNA 和 RNA 编码来生存和繁殖，因此我们可以认为这些分子的出现是地球生物史中最为关键的一个阶段。

不过，真正推动了生命演化进程的，还是能够利用编译在 DNA 结构中的信息的机能的建立，例如自体复制方式等功能，这才是我们今天能认识到的生物世界的起点。

生命如此复杂的多样化是难以置信的，从人类生存历史的长度看起来，我们很难想象几亿年之间究竟能够发生多少事件。如我们上文说到的大脑的演化一样，生命的进化也是一个非常缓慢的过程，需要逐步精心地塑造出高效且可靠的各种系统，以便应对周遭环境的变化（自然选择）。生命对那些特别有用的系统表现出惊人的长期持续保存能力，比如所有生物体在 40 亿年来都依靠着 DNA 作为通用生命数据代码。这种"自我延续本能"还能在多细胞有机体的生长脉络中找到另外一个例证：五亿年前，这种生长路径本来是用于形成原始无脊椎动物的，但这生长脉络的基本面貌直到今天仍然在延续着。举个例子，或许你经常好奇为什么我们身边的动物和昆虫都是对称的呢？这种对称性是由于 5 亿年前 Hox 基因（同源异型基因）的出现，这种基因起着为器官和四肢在沿着生命体前后轴上进行相对排布定位的作用。它赋予了生命体得以延续生存的优势，以至于被精心地保存下来直至今日，现在地球上所有昆虫和动物的对称外观正是得益于此。

生命的历史基本上就是筛选出能够适应外部环境的有效系统的历史过程。今天我们能够屹立于世界，完全是因为这套促使生物得以进化的试验已经经过了数百万年的优化。每一个帮助我们成功通过环境测试的实验步骤都被精心地保存在 DNA 的记忆编码中，使之成为我们物种遗传的载体。为了演进，自然规律是不会重新创造那些已经足以运行良好的系统，而是对其进一步精练，并使其最高效地发挥作用，让携带着进化优势的品种得以最大限度地繁衍。

不过，毋庸讳言，偶然性在进化过程中也起着决定性的作用。毕竟没有什么提前注定了这个作为万物之母的原始细胞在未来 40 亿年之后会导致出现人类这样的物种。在生命演化的历史过程中，由于多次气候剧变以及地球历史上标志性的重大变故，近 99% 曾经出现过的物种已经在这星球上彻底绝迹了。二叠纪（2.5 亿年前）和白垩纪（6500 万年前）发生的生物大灭绝中，得以幸存的物种并不一定是进化程度最高的，而是最能适应由自然灾难带来的环境剧变的那些。只要有一种生物在当时逃脱了灭绝噩运，今日地球生物圈的整体面貌都会是截然不同的。比如，如果恐龙在白垩纪的大灭绝中侥幸生还，那么今天地球的面貌很有可能非常接近于一个"侏罗纪公园"，但灵长类动物和人类则都将不复存在……

死亡：生命之源

即使是那些成功地克服了种种考验，并使我们得以繁衍成现代生命状态的"优胜"物种，死亡仍然是与生命错综复杂地纠缠在一起。即使是如细菌或红曲这样最简单的有机体，其繁衍机制仅是将一个细胞简单地分裂开形成两个子细胞，它们的生命也不是永恒的。我们现在了解到，在分裂的过程中，两个子细胞中的一个会包含较多的受损结构，这终会威胁到其子代的持续生存。所有有生命的，早晚都会死；唯一能使生命的冒险旅程得以延续的途径，就是在死亡到来之前确保种族能够得到繁衍。

生命与死亡之间有着不可分割的联系，这是因为维持生命需要巨额的能量供应。生命其实就是一连串的生化反应，需要依靠外界提供的能量来创建和维护其复杂而有序的结构，并实现细胞级别上的自我复制。这种对于结构秩序的维持，代价非常高昂，它需要源源不断的能量供应，用以对抗物质自发选择混乱无序结构的根本趋向。随着时间的流逝，这种能量消耗会对细胞造成严重的损伤，并难以成功地维持原有秩序。

所以，无论是从物理的角度、生物学的角度乃至进化论的角度来看，永生不死实在不是一个划算的选择。这就是为什么从一开始，对于生命发育提供必要推动作用的都是那些存活期并不是很长但繁衍速度很快的细胞，这使得在细胞死亡之前就顺利完成繁殖。繁殖，这种生命机能，创造出了更年轻、更有能力适应不断变化的外部环境条件的新一代生命体，可称得上是进化过程中真正的原动力。如果第一个原始细胞不是去培育生殖繁衍的能力，而是将全部的能量都投入到对抗因时间蚀耗而导致的损耗上，以期达到长生不老的目的，我们有可能永远也无法出现在世界上。正是因为可以死亡，我们的生命才能够出现，并得以在今时今日依然怒放。尽管这听上去吊诡异常，但事实就是如此。

平衡问题

从物理的角度来看，生命体是一个开放的热力学系统，也就是说这个系统在不断地与外部环境进行能量交换。为了估算维持这样一个系统所需要多少成本，可以想象一下，在严寒的天气中，要维持房间的温暖，但却不得不开着几扇窗户，会发生什么样的情况。在这样的条件下若要维持一个恒定的温度，则必须要保持加热系统连续地运行，以补偿从入口处源源不断进入的冷空气。即使不去理会这样做有多么费钱，但就算是最高效的供热系统也无法保持恒久运作。迟早有这么一天，故障会发生，热源被消除了，被隔开的内外两个空间，最终会达到一个温度的平衡状态，使得内外温度完全相同。同样地，细胞功能的维护也是需要源源不断的能源供应，以应对外部环境的混乱局面，而这种持续的努力最终也只会导致细胞走上绝路。生命是一种个体与外部环境间非平衡的状态，是与万物趋向平衡的自然倾向逆势而行的状态。

根据热力学定律，死亡代表着对这种自然界平衡的回归，因而是不可避免的。

驯氧记

维持生命长久，需要大量能量的支持，对于拥有大量细胞、进化程度较高的生命形式来说，如果没有一种能够保证高产出的代谢机制可以大量提供这种珍贵的能量，它是不可能出现的。在生命进化过程的最早阶段，三磷酸腺苷（其缩写 ATP 可能更广为人知）已成为生物世界通用的供能燃料。在大气无氧的时代，最早期的细菌不得不通过发酵过程来制造 ATP。虽然这个过程足以支撑单个细胞的功能（很多微生物至今还在保留着这种合成能源的模式），但是明显不足以保证一个由数十亿个细胞组成的复杂有机体的持续生存。

氧元素为地球上生命的大规模出现提供了催化剂，地球大气层中氧分子含量的快速增长与较高进化水平的生命形态的大量出现节奏完全吻合。微量的氧元素最早出现在距今约 25 亿年前，作为蓝菌（又称蓝藻）的代谢产物，是在其进行光合作用以生产自己生存所需的关键分子过程中被当作"垃圾"排出体外的。随着植物在陆地表面的大范围定植繁衍，这种光合作用使得大气中的氧含量非常缓慢地积累着，在几百万年后最终出现了急剧的提高。

大气含氧量的增加促使多种无脊椎动物出现，地球上生命形态真正地大规模爆发，突出表现为埃迪卡拉动物群的出现（在澳大利亚同名山脉中发现的最早的复杂有机体化石，距今约五亿六千五百万年）。这种飞跃直接归因于有氧条件下能量生产方式的巨大改善。举个例子说，在简单的单细胞生物中一个葡萄糖分子仅可通过发酵产生两个单位的 ATP，但在有氧环境下，同一个葡萄糖分子通过代谢可出产 36 个单位的 ATP，生产率提高了 18 倍!

这种效率的提升，是 20 亿年前地球生命发展史上一次"最幸福的婚姻"的直接果实。这对"老夫妇"，一个是能够将氧元素转化成 ATP 的细菌，另一个是尚无法独自使用这种环境中新出现的气体的原始细胞。如果不是这两种原始生命形态的结合，我们今天所能认识的生命形态可能永远不会存在：这种细菌通过协助细胞将氧元素高效地转化为 ATP，为其进化成为需要依靠更多能量来生存和繁殖的复杂生命形式提供了必要的基础。

在被称为"真核细胞"的"现代"细胞中，这些历史悠久的细菌以线粒体的形式同时存在于动物和植物体中，并单独以叶绿体的形式存在于植物体中。

这些线粒体直至今日都还保存着自己独有的 DNA，能够为某些蛋白质和 RNA 进行编码（单就人类而言，就有不少于 37 种源于线粒体的基因参与细胞日常功能）。不同于细胞核中的 DNA 是继承于父母双方，线粒体中的DNA 只遗传于母方，我们或许可以利用这种特性来追寻我们物种的起源。根据现有的数据估计，所有的人类线粒体拥有一个共同的初始的祖先，我们可以称之为"线粒体夏娃"，她应该是大约 15 万年前生活在非洲的埃塞俄比亚、肯尼亚或坦桑尼亚一带。

线粒体是负责生产 ATP 的真正能源中心。植物的叶绿体的作用是将阳光的电磁能量转化为化学能量。这种将一种形式存在的能量转化成另一种形式的能量，是我们这个星球上生命的起因。线粒体的作用则是将蛋白质、糖分和脂肪中的化学能量转化为燃料 ATP。几代伟大的生物化学家不懈地寻求这种能量生产得以实际运作的机理，但这机制实在太过复杂，以致最终不得不无功而返。多亏其中的一部分人，特别是 1978 年获得诺贝尔奖的彼得·米切尔的杰出工作，我们才得以一窥大貌。

米切尔建立的这种模型被称为"化学渗透"，解释了源自营养物（糖、脂肪、蛋白质）的富含能量的分子中的化学能量或直接来自太阳光线的电磁能量，被植物体内的植物色素捕获，从而被用来在线粒体膜间（线粒体膜的两侧自然产生电化学质子梯度）生成一通电流。这个电子梯度（即电位差）被一种称为 F0F1ATPase 的复合酶借助用于合成珍贵的 ATP。

整个过程被称为"细胞呼吸"，导致消耗氧气并释放二氧化碳。化学式如下：$C_6H_{12}O_6+6O_2 \rightarrow 6CO_2+6H_2O+$ 能量（ATP 和热）。

我们说氧气对动物物种生命是绝对不可或缺的基本元素，完全就是因为所有的细胞都采用这种能量生产方式以供其运作之需。人体中每一个细胞都要进行细胞呼吸，因此必须要建立一套用来输氧的系统，将氧元素输送到哪怕深深埋藏在我们身体组织里面、与空气中的氧分毫无接触的细胞中。这套系统就是血液系统，红细胞的运输载体。红细胞中包含了血红蛋白，这是一种能以极高的结合度捕获氧元素的色素。珍贵的氧气就这样以血液作为载体，游经总长度达数千公里的毛细血管网，传递到周身的所有细胞。呼吸通常会被看作是物理宏观的现象，在呼吸动作中由于横膈膜的运动使肺得以吸入含氧量 20% 的空气，而实际上这种宏观现象只不过是由线粒体主导的真正代谢性呼吸得到进一步进化的结果。

人们常说，一个系统的能力上限是由其构成元素中最弱的环节确定的。对于细胞而言，这种对于氧元素的强烈依赖性意味着任何抑制氧摄入或妨碍其与 ATP 合成的情况都将是灾难性的，会导致细胞迅速死亡。不管是由于感染、毒害、疾病或是任何不幸事件导致的机体死亡，其直接原因都是由于缺氧而导致的 ATP 生产难以为继的结果。

塑造生命

尽管氧元素足以支撑较高等的生物体的官能作用，但如果没有死亡的积极参与，生命或许将永远无法达到今天我们的这种复杂程度。

我们或许并不总能意识到，所有的动物，即使是那些通常被认为是较为"低等"的动物，如昆虫、鱼类，抑或爬行动物等，它们也都真真正正属于进化过程中的奇迹，几百万的细胞通过功能性的布局配置，赋予这些动物以进食、移动，以及敏锐地观察周遭环境的能力。

如果所有细胞都是完全相同的，很显然这种高度复杂性是不可能出现的；只有在它们都进行了专业分工的基础上，这些动物才能拥有各异的外貌以及特定的生活模式。

这种专业化过程被称为"细胞分化"，开始于胚胎发育的最早几个阶段。绝大多数的多细胞动物（除了例如海绵、珊瑚之类的一些物种以外）都是属于三胚层生物，也就是说精子使卵子受孕之后，胚胎分成了三个独立的层（外胚层、中胚层和内胚层），然后在动物体内形成一系列专门化的细胞。例如，位于最外层的外胚层负责神经系统中的神经元和皮肤细胞的形成；中间的中胚层则参与肌肉、肾脏、生殖器官等的发育过程；而最里面的内胚层则使得消化系统和几种其他类型的细胞（肺泡细胞、甲状腺细胞、胰腺细胞等）得以形成。从一个单一的受精卵，就可以生成如此种类繁多的各种不同细胞，并能够执行诸如传递神经冲动、感受光源或是食物消化等各种专门职能，无疑可称是自然巨擘的杰作之一。

这种生物组织的总体脉络出现于距今约 575 万年左右，从此就成为自然选择过程的纲要，使得多细胞的物种积极进化，以适应环境的变迁。尽管表面上看起来经常是蔚为奇观的事情，但进化过程一般很少要求机体建造一个全新的结构，反而更多的是被动地对可支配要素进行重组，以面对环境带来的挑战。例如，尽管人的前臂、一只蝙蝠的翅膀、一头海豹的胸鳍和一匹马的蹄子看上去完全不同，但所有这些肢体都拥有对等的同源结构，这些自共同祖先遗传给我们的骨骼其实只是定位排序有所不同，以完成不同的生理功能。

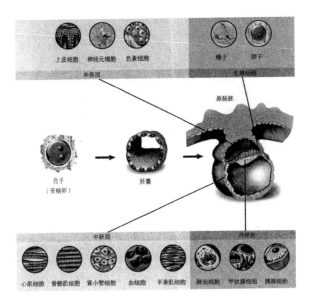

　　如此复杂性得以建立的过程已经远远超出了本书的涉及范围，但即使没有任何生物学或通识科学方面的概念，我们仍然可以通过直觉洞察到像人类这样进化到相当程度的动物与其他"较低等"的动物究竟共用多少根源同一的遗传物质。比如说，对比多种物种的胚胎发育过程中最初几期的胚胎外部形态进行简单的观察，可以发现其间的相似程度达到什么样的地步。甚至像小鼠和人类这两种差异如此之大的物种，在胚胎的早期发育阶段时，几乎根本无法分辨哪个胚胎是属于哪个物种的。

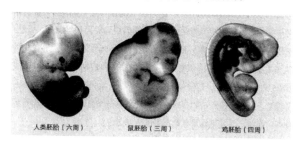

人类胚胎（六周）　　　鼠胚胎（三周）　　　鸡胚胎（四周）

细胞的牺牲

在高等生命体内出现细胞的特异化和分工现象，通过与现当代社会发展规律相比照更易理解，因为手工业的专业化分工也是和更为复杂的社会组织形式互为因果的。虽然这种文明进步的形式带来极大的进化优势，但为了维持现存结构的有序，必要的冲突总是无法避免，因而必须强制推行一些严苛的治安规则。

从发展的角度来讲，建立专业的分工结构必须要求去除与机体正常运行机制所不相配合的冗余细胞。这种淘汰过程是通过每个细胞自带的一套精心设计的自我毁灭机制实现的，在感受到需求时，该系统可以触发一场真实的"献祭仪式"。这种细胞的自我牺牲有一个科学名词叫作"细胞凋亡"，死亡之酶（半胱天冬酶）如一把当之无愧的分子手术刀，将细胞完全拆解，并有条不紊地将组成细胞的成分一一撕碎。在周遭的细胞发出处死某个细胞的指令，或监测到发生无法弥补的损害并可能导致对细胞正常运作产生阻碍时，一系列的旨在消灭该细胞的大规模行动就启动了。例如，如果线粒体监测到了细胞的正常运行发生了变异，它就会在细胞中释放通常参与 ATP 合成的一种蛋白质（细胞色素 C）。细胞色素 C 在非正常的场所出现将会被立即察觉并被认定是启动细胞牺牲程序的信号，这种用来激活半胱天冬酶并开始细胞处决倒计时的警示信号可以通过在细胞表面出现的芽状物清晰地观测到。线粒体，这种生命能量之源，在细胞的凋亡中同样也是关键因素。

细胞凋亡在身体各器官发育过程中的塑形工艺起着至关重要的作用，例如，当大脑结构在胚胎中形成的时候，那些未能成功通过与其他神经元建立突触联系参与到神经冲动传递活动的神经元就通过该机制被淘汰。同样的道理，人类手指和脚趾的分叉也是得益于精确定位发生的细胞凋亡将指间蹼细胞破坏的功能。

慢火死去

这种细胞凋亡的过程对于任何有生命的物种都起着

极其重要的作用。每一天，大约有一百亿这样的失效细胞默默无闻地通过凋亡而自我牺牲，但非常幸运的是它们每一个空出的位置都会很快被新的高性能的细胞来填补上。对于不同的细胞，其死亡和再生的速率会有很大区别，肠内壁细胞的生命最长不过五天，而神经细胞的数量在我们的一生中都不会有太大的变动。这种不间断的更新过程，确保了我们体内的绝大多数细胞都不会超过十年岁月，总是比我们的实际年龄要年轻。因此我们总感觉到比自己的实际岁数要年轻，其实是蛮正常的！

虽然这种机制非常有效，但这种更新的潜能是有限的，随着时间的侵蚀会不断地减慢，从而生理功能也逐渐地恶化。人的一生中，不断发生的一长串这种"小死亡"总会或早或晚达到一个无法挽回的临界点，结果就是重要器官的功能丧失越来越严重，直到最终生命体的死亡。归根结底，如果说我们有一天会死去，那其实是因为我们每一天都要死去一点点。

死亡显然不是人类独有的命运；所有的生命，不管是植物、昆虫、鱼类、鸟类，或更复杂的动物，都存在该物种独有的诞生、成长乃至死亡的节律。从生物学的角度来看，造成任何生命体生命终止的细胞和分子现象，都和造成人类死亡的情形是完全一样的。我们的死亡并不是一种反常现象，也并不是强加在人类身上的不公平命运，而是生命存在的唯一合乎逻辑的结局。然而，我们感受到时间的流逝以及死亡的不可避免，我们使用大脑的机能来反思生命和死亡的意义，正是这种力量使得我们成为主宰着地球的优势物种，但同时也可能引发我们的焦虑，成为我们的阿喀琉斯之踵，毒害着我们的生命。正是思考，引发了对于死亡的恐惧。

本文节选自《活着有多久：关于死亡的科学和哲学》（生活·读书·新知三联书店2015年版，白紫阳译），由生活·读书·新知三联书店授权发布。

理查德·贝利沃 （Richard Béliveau）	加拿大著名癌症预防与治疗专家，魁北克大学分子医学实验室主任，加拿大圣母堂医院神经外科研究员，克劳德—贝特朗医院的神经外科主任，蒙特利尔大学医学院生理学和外科学教授。
丹尼斯·金格拉斯 （Denis Gingras）	加拿大肿瘤学专家，魁北克大学分子医学实验室研究员。

死神失业带来的焦虑感

作者|托马斯·卡斯卡特，丹尼尔·克莱因   **译者**|胡燕娟

达里尔，我们不知道你是怎么想的，但是我们希望，死亡将成为过去式。在这个问题上，我们跟伍迪·艾伦看法一致，他曾说过一句名言："我不希望通过作品获得永生，我希望真的能长生不死。"

我们可以想象这样一个世界，在那里，我们不需要投胎转世，也不需要披着轻薄的羽翼在天堂飞翔。你可以丢弃所有对于来世和死后世界的想象。你会在这里，新泽西贝永市，一直活到永远。

在地球上生活到永远有很多好处，其中一个就是，它让你对身边的一切很熟悉。这里的一切你都知道，事实上，你所知道的就只有这些。你可以紧紧抓住一切决定你是谁的事物，比如说，你对纽约大都会队的狂热，你知道吉多披萨是附近最好吃的披萨店。所有通过来世获得永生的方法，都需要对传说中的永生存在抱有信念，需要一些彻底的改变，当然，更需要搬家，把衣橱里的衣服都换成新的。

　　你们说的都是虚构出来的，对吧？
　　不一定哦，达里尔。[1]

　　直到不久之前，生物性上的永生还只存在于儿时幻想和科幻小说中。但是细胞生物学和人工智能领域的新近发现催生了一批生物永生主义者，他们是有着高学位的严肃科学家。他们预言，克隆和干细胞疗法等基因技术的突破，可能会根除非意外死亡的原因。还有一些低温生物保存永生主义者，他们的做法是花费巨资把我们冷冻起来，等待科技突破的那一天。还有一些网络永生主义者，他们认为人类神经系统的数字化是永生的关键。这些人觉得，在不远的将来，他们可能，不对，是很可能可为人们提供永生的方式，那时，人们大抵会像现在这样活下去。人们，尤其是哲学家，对此心存疑虑。

　　一方面，长生不老引发了一系列的道德问题，这么多人永生，地球装得下吗？新泽西就更别提了。永生符合自然规律吗？神圣吗？可取吗？负担得起吗？会不会很无聊？长生不老对恋人关系有什么影响？既然我们的时间无限，是不是再等上几千年才结婚？

　　最后一个问题又引出了另一个问题。

---

[1]　本文下划线部分为两位作者的自言自语和文字游戏。

肖恩和布丽姬特关系稳定，已经恋爱了 40 年。一天，他们在克雷郡的青山上散步，肖恩突然转过身对布丽姬特说："你知道吗，也许我们应该结婚。"

布丽姬特回答说："我们都这么老了，谁要和我们结婚啊？"

深入探究主流院校科学家对克隆永生、冰冻永生和网络永生的研究，还会发现一些形而上学的和认识论的问题。比如说，如果我只是一个解冻的大脑，那我还是我吗？如果我是由重新生成的干细胞所组成的，那我还是我吗？如果我只存在于微芯片上，那我还是我吗？如果有四个我存在，哪个是真正的我？虚拟性爱还需要安全套吗？

但是在继续研究永生之前，我们可以花点时间来想想，永远到底有多远。我们再一次向艾伦教授讨教点见解："永远非常漫长，到快结束的时候尤其如此。"伍迪的意思是，当你以为自己快到永远的终点时，永远又会被延长。

赛在母亲的葬礼结束后回到家，想把家里好好收拾收拾。他在阁楼里发现了一个旧行李箱，箱子里放着父亲二战时的军装。赛穿上了军装，稍微有点紧，在脱下军装前，他摸了摸口袋，掏出了一张修鞋单，是 1942 年

1月14号五三西路的赫尔曼修鞋铺的单子。他不敢相信自己的眼睛，这张单子竟然已经在口袋里放了70年。

几个星期之后，赛正好经过五三西路，他慢慢晃着寻找修鞋铺的位置，他不敢相信自己的眼睛，修鞋铺竟然还在。他走了进去，告诉柜台后面的老人，说自己在父亲的旧军装口袋里找到了这张单子。老人说他叫赫尔曼，开这间修鞋铺已经70年了。"把单子给我！"赫尔曼高声说道，然后拿了单子，走到店铺后面。

赛大为惊奇。

过了一会，赫尔曼拖着脚步走回来，粗声粗气地说："好了，我找到你的鞋了。下周二修好来取吧。"

过的生日越多越好

活得长久总是比较好的，主要是因为，生命是我们最爱的一种消遣。

但是当雅皮士都到了五六十岁的时候，活得长久就有了附加价值：长寿跟找到好工作，卖出小说的电影版权以及勾引安吉丽娜·朱莉一样，是一种成就。迈克尔·金斯利在《纽约客》的文章中指出，他被确诊得了老年痴呆症之后，有了新的见解："至少我能活得比你长久"这种比谁长寿的游戏，已成为是婴儿潮一代最后的较量。

金斯利写道：

> 生命和命运能赐予我们金钱、美貌、爱和权力，等等，但其中，人们似乎最爱夸耀长寿。事实上，人们总觉得长寿是某种美德，好像活到90岁是因为认真工作和虔诚祷告，而不是因为好的基因，又没有遭遇车祸。

当然，这种竞赛有一个自相矛盾的地方：活得最久的那个人已无人可炫耀了。

喜剧演员史蒂芬·莱特这样取笑那些天天吃燕麦片的婴儿潮一代："我替那些既不喝酒又不嗑药的人感到难过，因为有一天他们会躺在医院病床上等死，自己都不知道是因为什么。"

原始软泥继续渗透

从进化微生物学的角度来说，无限的生命就跟在原始软泥里行走一样毫不新奇。我们的生殖细胞系，也就是产生卵子和精子的细胞，起源于这种软泥，我们体内仍然携带着同样的原始细胞物质。所以，微生物学家至少可以说，我们身上某些部分是永生的。这种永生用一句话来说，就是我们有能力永久地繁殖生殖细胞系，这当然跟复杂有机体的永生有明显的区别，但总算是朝着正确的方向迈进了一步。

从进化的角度来说，人类的错误之处在于繁殖的方式，人类的繁殖需要男人的精子和女人的卵子结合。单细胞生物会把自己的身体分裂成两个生物学上完全相同的部分，这种繁殖分裂会产生两个新的单细胞有机体。原始细胞不再经历老化的过程，所以可以说，单细胞生物具备生物意义上的永生性。它们无法享受性爱，但能够获得永生倒是不错的补偿。可话又说回来，单细胞生物也没办法上探戈舞课，没办法参加拼字大赛，实在是毫无乐趣的人生。不过，我们的根本问题是，进化出两性繁殖系统后，我们就失去了单细胞生物这种原始永生方式。女人啊，有了她们没法永生，没有她们永生又很无趣。

永生医生

市面上有很多永生疗法，很多都建立在合理的理论模型基础上，一些疗法还在进行非常有前景的研究。

干细胞移植疗法就是一种再生医学，即用未分化细胞（干细胞）生成的身体部位来替换损坏或死亡的身体部位。大多数细胞都有特定的功能，比如说皮肤细胞和脑细胞都有各自的功能，所以一旦它们发展出了自己的功能（即完成分化），那么就不能再发展出其他的功能。但是因为干细胞是未分化的细胞，如果受到正确的指令"设定"，它们就可以发育成人体的任何一种细胞。

　　干细胞疗法已经取得了一定的成功，把造血细胞植入造血功能损坏的病人体内可以修复其造血功能。其他的干细胞移植疗法也在进行中，比如说有脊髓移植和局部脑细胞移植。"全能"细胞也在初步筹备阶段，这种细胞可以植入人体，然后只要需要，就可以在体内修复任何被损坏的或死亡的身体部位。

● 从不言死亡的医生："好消息，布莱恩特太太，一切都解决了。"

为了了解干细胞移植疗法如何使人达到永生，可以想象一辆 1956 年的雪佛兰 Bel Air 汽车，它的所有部件都被替换了，就跟新买的一样，但是它的所有材料都不是原装的了。现在，设想你就是这部雪佛兰。

达里尔，感觉好吗？精神还好吗？不是原装的自己，你在乎吗？

当然，身体会定期生成细胞，到死亡之时为止。植入全能细胞之后就不会这样了——全能细胞的任务就是让人永生。

这就得说到端粒酶疗法，即通过改变 DNA 的内在死亡机制来实现永生。科学家把端粒酶比作鞋带上的塑料头，可以避免染色体末端解开，互相粘连，这种现象会扰乱有机体的遗传信息，导致癌症或死亡。但是端粒酶的这个功能也有一个主要弊端：细胞每分裂一次，端粒酶就会变短一些，当它变得很短的时候，细胞就会出现故障。端粒酶是染色体中的定时炸弹。这促使杰龙基因工程公司的天才们尝试如何让端粒酶变长。

1997 年，杰龙公司的人发现了一个基因，它负责编码某种端粒酶，这种端粒酶可让"衰老时钟"倒退。截至目前，他们都只在培养皿中取得了成功，但很难应用于丰富且多样的生命。杰龙公司的人推测，在未来，端粒酶疗法可能会永远停止衰老，但是大多数科学家并不认为它能扭转衰老。如果你跟马尔科姆一样，今年 75 岁了，就要记住这一点。

马尔科姆在散步，看见排水沟里有一只青蛙，青蛙突然对他说话，把他吓了一大跳。青蛙说："老人，如果你吻我一下，我就会变成美丽的公主，我永远都是你的，我们每天晚上都可以激情似火地做爱。"

马尔科姆俯下身，把青蛙放到自己口袋里，继续往前走。

青蛙继续说："嘿，你没听清楚我在说什么吧。我说如果你吻我一下，我就会变成美丽的公主，我们每天晚上都可以激情似火地做爱。"

马尔科姆说："我听得很明白，但是我这个年纪，还是情愿有一只能说话的青蛙。"

永远延长生命的另外一个生物技术策略就是纳米机器人，这种工具的大小从 0.1 微米到 10 微米不等，跟身体的分子组成差不多大小。纳米机器人的工作原理跟干细胞移植相似，把纳米机器人植入人体，它可以在分子水平上进行永远的检测和维修任务。永生医生不仅存在，而且存在你身体中。纳米机器人科学家相信，他们在未来 20 ～ 30 年的时间里，会发展出切实可行的模型。如果你觉得自己活不到那个时候，也不用担心 —— 人体冷冻疗法很快就可以实现。

人体冷冻疗法跟冷冻食品之父克拉伦斯·伯赛耶一样古老。伯赛耶曾是拉布拉多半岛的皮毛交易商，发现爱斯基摩人通常会把鱼肉和驯鹿肉冷冻起来，以便日后食用，于是产生了一个价值几百万美元的想法。他吞下一只解冻的海豚，不停惊叹："好吃，好吃！"

当然，人体冷冻法不是伯赛耶发明的，但是全世界

• "哈里斯，你没有被解雇，我们只是暂时把你冷冻起来，等公司情况有所好转再解冻。"

的实验室冷冻室都在使用他发现的原理。人体冷冻就是把细胞或者整个组织冰冻在零度以下的环境里，在这个温度条件下，所有生命活动都会停止，包括会导致细胞死亡的活动。

现在，冷冻精子、卵子和胚胎以便日后解冻使用，已经是常有的事。所以为什么不把整个人体冷冻起来呢？比如说，把病人冷冻起来，直到将来可以治愈他的疾病时，再把他解冻。

然而冷冻人体最好的时间就是在人还活着的时候，这就出现了一些棘手的实际问题。如果在你的最佳冷冻时间，你正在进行大型的金融交易，或者在谈一场激情似火的恋爱，就会进退两难了。至今为止，选择全部或者局部（如，大脑）冷冻的人，都是将死后的第一秒作为冷冻的时间，这个时间就比较不确定。我们觉得这是因为他们还不够相信这门技术。

人体冷冻的另外一个问题也是信念问题，你得相信将来的某个时候，有人，可能是一个完全不认识你的人，觉得值得费时费力把你解冻出来，并且治疗你的所有疾病。问题是，她凭什么要这么做？也许可以让律师拟出一份合同，强制未来的解冻者打开你的冷库门。但是，这怎么说也不像是一件把握十足的事。没有冷冻起来的人会变的，你懂的。

一个男人买了一只昂贵的鹦鹉，它词汇量很大，回家的时候一路上都在引用莎士比亚和迪兰·托马斯的名句，但是它一进家门，就开始脏话连篇："你 #@&*，这@%# 也叫房子？"它不停地咒骂，男人每次叫它住嘴，它都会骂得更凶。终于，男人忍无可忍，说道："好，把你放进冰箱，你能好好说话了再出来。"他抓住鹦鹉并塞到冰箱里。鹦鹉又骂了几分钟，突然停了下来，男人把冰箱门打开。

鹦鹉跳到男人肩膀上，说："真对不起，主人，原谅我吧。"它咕咕地叫着，又说："顺便问一下，冰箱里的鸡做了什么？"

死神失业及其他问题

现世永生的可能性引发了很多实际的问题，其中就包括环境伦理学方面的考虑。环境伦理学是应用伦理学的一个分支。它指出，永生的紧迫问题在于，这些不朽的人住在哪儿？地球上资源稀缺，已经因为人口骤增压得喘不过气来，如果我们的人口稳定者——死神，撂挑子了，那该怎么办？

最显见的解决方案，就是从人口数量变化的另一端着手，减少甚至终止新生儿的出生，为永远不会死的老人们腾出空间。

英语语言中最伟大的政治讽刺大师就是乔纳森·斯威夫特，在其 1729 年写的著名反讽作品《一个小小的建议》中，他便提出了上段说到的这个方案来解决人口过多的问题。斯威夫特用极富个人特色的语言，提出爱尔兰人应该把穷人的孩子卖给富人当食物，以此解决他们的经济问题。当然，这确实是一种办法。

犹太教改革派在救赎日纪念仪式上痛苦的冥想中，用更加诚挚的方式攻击了通过停止繁衍获得永生的解决方法。

如果有使徒告诉我们，如要永生，必须满足一个条件，即停止生育；如果这一代人可以获得永生，但是世界上永远不会再有新的儿童、年轻人和初恋，也永远不会有抱有新希望和新想法并做出新成就的新人，世界上永远只有我们，不会再有其他人——你还想获得永生吗？

当然，就算生物永生的前景是完全现实的，也不会普及到所有人。世界上大多数人口连基本的医疗保障都没有，因此，按需进行纳米机器人治疗的可能性也很小。更为可能的是，纳米机器人或端粒酶疗法只有沃伦·巴菲特、比尔·盖茨和泰格·伍兹这样的有钱人才能享用，只有他们才负担得起永生这样昂贵的爱好。

如果这样听上去很不公平，那是因为它本来就不公平。它为"适者生存"这个概念赋予了一个全新的含义——适者永生。

永世之后依旧疯狂

在现象学和心理学的模糊界限上，存在这样一个问题，那就是生物永生性会如何改变我们作为人类的体验。这些改变是我们想要的吗？

假设你体内有纳米机器人，它们在繁忙地修复坏死的细胞组织，疾病和正常劳损已经不能让你死亡。然而，这些繁忙的小机器人也有局限性。如果你被高楼上掉下来的钢琴砸到，或者坐在塞尔玛与路易丝①的汽车上飞进大峡谷里，那么这些机器人也无能为力。现在，你只能通过这些灾难实现死亡，这会对你的思想有什么样的影响？现在已经不是什么时候死亡的问题了，而是你会不会死的问题。你可能会想，现在一死损失可就大得多了。在这种设定下，你是不是想要过一种完全没有风险的生活呢，比如隐居在防爆的地下室里？

---

① 影片《末路狂花》中，两位女主角最终开车飞下悬崖。。

- "凑合游吧，儿子，安全第一啊。"

已经活够了

　　人生充满了无数疲惫的耸肩叹息，让人百无聊赖，法国存在主义者称这种状态为无聊（ennui）。而倘若你要在巴黎的一个旧咖啡馆永远活下去，这种无聊又会达到一个新的高度。21世纪的剑桥道德哲学家伯纳德·威廉姆斯爵士在文章"马克普洛斯事件：对于永生之乏味的反思"中提出，如果人生要保持有趣，死亡就是必需的。威廉姆斯的参照就是捷克作家卡雷尔·恰佩克的话剧《马克普洛斯事件》，以及捷克作曲家莱奥什·雅纳切克在此基础上创作的歌剧。在剧中，女主角通过长生不老药获得了非常漫长的生命（342 年甚至更长）。但在故事的结尾，她决定不再继续延长自己的生命，因为她意识到，永恒的生命只会带来无尽的冷漠。威廉姆斯写道："她永无尽头的生命变成一种无聊、冷漠和冷淡的状态。一切都了无生趣。"

怎么会这样呢？威廉姆斯相信，一个人生活到一定岁数之后（这个岁数因人而异），就不可能再有新的体验了，哪里都去过，什么都做过。所以，她会无聊到崩溃。威廉姆斯说，好的人生，就是在重复和无聊不可避免地进驻之前就已经结束的人生。

当然，还有一些人，如喜剧演员埃默·菲利普斯，认为享受无尽的重复是一种后天习得的品位。

"朋友给了我一张菲利普·格拉斯的唱片，我听了五个小时，才发现上面有划痕，总在听同一段。"

19 世纪的德国哲学家弗里德里希·尼采提出了"永恒回归"（Eternal Recurrence）的概念，把无聊这个问题又提上了一个新的台阶。他认为，永生之无用性的最好象征就是，历史不断地重复，直到永远。对于伍迪·艾伦这样的人来说，这种命运称得上是永恒的失望。艾伦教授说："尼采说我们会永远重复自己的生活。这就意味着我又得耐着性子看一遍白雪溜冰团的表演。"

别这样。不要让永恒回归坏了你的心情——要克服它！尼采超人的英雄主义就体现在，他有能力在毫无价值的永恒回归面前让自己充满力量。是啊，超人没有无聊这个问题！但是像路易丝·莱恩和吉米·奥尔森这样的普通人呢？[①] 更不用说你、达里尔和我们了。对于我们来说，永恒回归更像是《土拨鼠之日》，片中深刻的对话令许多观众震颤：

片中角色比尔·穆雷说："如果你每天都在做同样的事，而且你所做的一切都不重要，那你会怎么办？"

在酒吧认识的新朋友："那不就是我现在的生活吗？"

试着记住九月的那一天

1998 的日本电影《下一站，天国》（*After Life*）对尼采的"永恒回归"进行了全新而又发人深省的诠释：新近死亡的人乘坐通往天国的列车，来到一个没有生气的小站，天国的工作人员会通知逝者，他们有三天的时间来选择一生中最珍贵的记忆，选好后，这些记忆就会成为他们永恒生命里的唯一体验。这个决定实在是影响

---

① 二者都是《超人》系列漫画中的人物，前者是超人的女友，后者是漫画中一位年轻记者。

重大！

电影的设定看似好莱坞的"高概念"，但是经过是枝裕和导演之手，它变成了对于生命之意义的深刻探索。

我是否应该选择最能代表整个人生的体验？最戏剧性的体验？最激烈的体验？（很多老人一开始都选择了他们一生中最激情的性经历，但是细想之后，觉得整个人生都是性高潮，好像也没有什么特别的了。）

一个年轻的小女孩选择了她在迪士尼乐园过的一天，天国的工作人员告诉她，这一年里已经有 30 个人做了同样的选择，她这才又重新考虑；一个饱受折磨的中年男人选择了学校某次暑假的前一天，他坐着有轨电车，微风拂面；一位老太太选择了自己穿着红色礼服为哥哥的朋友跳舞的回忆。虽然他们最后的选择都很庸常，但选择之前的思考却让人深深动容。

新鲜事

无聊或许是沉闷乏味的，但是不管我们的经历和体验重复多少次，我们都不打算丢弃无限经历和体验的可能。永恒的重复好过所有体验的永恒终止。

关于对更多体验的永恒欲望的根本解决方法，我们来看看当代博学之人曼弗雷德·克莱因斯的观点，他是维也纳裔澳大利亚人，他的一生相当于别人的几辈子：他是神经生理学家、发明家以及钢琴演奏家。所以，可以让曼弗雷德去想个策略，无限延长我们的生命而无需延长寿命。

克莱恩斯提出，我们并不是通过增加寿命来延长生命，而是通过加速我们的时间意识（time-consciousness），这样每秒钟里就有更多"时刻"。他告诉我们，电脑有固定的"节拍率"（tick rate），即处理信息的速度；理论上，节拍率可被无限加速，所以，有朝一日我们或许也能利用

"延伸的时间意识，通过纳米技术和皮米技术（picotechonology）进行加速调整，从而可能让思考速度达到我们所习惯速度的 10000 倍。那时候会怎样呢？一年会变成 10000 年，每过 2500 年才会有一次季节变换，从而永远根除了衰老。"[1]

我们不禁好奇，活在这个超快轨道上的生活体验是什么样的。会不会只是像上了速读班的人那样，说：

---

[1]　《科学征服死亡》（*The Scientific Conquest of Death*）中的"悠长生命中的时间意识"（time consciousness in a very long life），曼弗雷德·克莱恩斯，布宜诺斯艾利斯 Libros en Red 出版，2004。

"我 25 分钟就把《白鲸》看完了！这本书讲的是一条白鲸。"

那克莱恩斯，我们读书的速度是不是也会加速呢？这到底意味着什么呢？

哦，达里尔，这是你妻子吗？怎么了，弗鲁姆金太太，你有什么问题吗？

如果时间意识加速对前戏有什么影响呢？

呃，这个问题可能你得跟达里尔私下讨论。

与此同时，让我们来看看曼弗雷德充满才艺的人生。意义在他的人生里到底什么意思呢？

在大卫·艾夫斯的十分钟短剧《时光飞逝》（*Time Flies*）中，两只蜉蝣贺拉斯和梅，一见钟情，疯狂地爱上了彼此。（"我是今天早晨出生的。""我也是。"）它们第一次约会时去看了一个自然展览，从中了解到它们只有一天的生命，而且已经过去一半了！片刻困惑和恐慌之后，它们决定好好利用接下来的时间飞去巴黎，打算在那里度过快乐的时光，这当然是个美满的结局。

贺拉斯和梅虽然已经意识到时日无多，或者说正是因为它们意识到了这一点，才在短暂的生命中发现了意义。如果加速生活，它们的人生会更丰富吗？如果它们可以在同一段生命中体验伦敦和巴黎的生活呢？还有伦敦、巴黎和里约热内卢呢？再加上拉斯维加斯，就这么多了，你就祈祷席琳·迪翁演唱会的票还没卖完吧。

或者想象一下 90% 的清醒时间都在打坐的佛教僧侣，他在清空思绪，脑海中只留下一个信念：跟宇宙的合一交流。他人生的体验是单一的，这是不是说明他的人生非常无趣呢？

克莱恩斯提出的不过是关于生活时间相对性永恒的现象学问题，一个人（或一只乌龟）的一分钟，可能是另一个人（或另一只乌龟）的一个月，那么谁的生命更加丰富呢？

几只乌龟去野餐，它们花了十天的时间才赶到野餐的地方，到了之后发现忘了拿开瓶器，于是它们让最小的那只乌龟回去取。最小的乌龟说："不去，我一走，你们就会把三明治吃了。"几只乌龟保证说它们不会偷吃三明治，最小的那只乌龟就走了。10 天过去了，20 天过去了，30 天过去了，最后乌龟们饿得不行了，决定把三明治吃了。它们刚吃第一口，小乌龟就从石头背后钻出来了，说："看见了吧？我没走是有原因的。"

进入克隆时代

　　如果快速生活听上去太过劳累，倒是可以考虑最迷人的永生生物技术：克隆。事实上，你要在非常年轻的年纪克隆自己，然后等你的克隆体长大，再继续克隆，克隆，直到永远。

　　在所有创造人类永生的生物技术中，人类克隆不仅在短期内非常有可能实现，而且可能已经发生了，不过没有人向外界宣扬而已（因为克隆人违法）。体细胞核移植的克隆技术已经孕育了多利羊。（有谣传称多利羊天天抱怨"每天都是一样的"，这确实没有事实根据。）

　　克隆的原理如下：移除供体卵细胞中的细胞核，然后把被克隆对象的细胞核移植到这个去核卵细胞中。好了！跟被克隆对象完全一样的克隆体就准备好了。

　　我们之所以确信克隆人有可能实现，是因为它已经在自然界中频繁发生：同卵双胞胎。单个受精卵一分为二，形成两个细胞团，然后发育成两个 DNA 完全相同的人，这就形成了双胞胎。莫尔·哈格德这样的人常常分不清同卵双胞胎跟异卵双胞胎，后者是两个不同的受精卵同时在同一个子宫中发育而成。有人问哈格德，他的双胞胎侄子是否是同卵双胞胎时，他回答说："一个很相像，另一个不知道长得像谁。"

不值得再说第二遍的笑话

克隆人和外星人做爱一样，催生了很多不好笑的笑话，很多都是把克隆与乡巴佬的繁殖行为相提并论。但是下面这个笑话却颇有智慧：

科学给世界带来了很多让人担心的事情，其一就是克隆人，此外还包括行为控制、基因工程、大脑移植、电脑写诗，以及塑料花的大肆蔓延。[①]

但是克隆真的能产生跟被克隆对象一模一样的克隆体吗？问问同卵双胞胎，他们不认为自己跟共享同一套DNA的手足是同一个人，因为他们享有不同的经历。他们的性格发展受到了不同的影响，他们拥有不同的记忆、不同的价值观、不同的社会关系，发现了不同的人生意义。在发展心理学中，双胞胎为研究先天与后天影响的难题提供了实验模型。有一对发展心理学家生了对双胞胎，一个取名约翰，另一个叫对照组。

那同卵双胞胎会相同到什么程度呢？其实并没有多少相同。肯定不至于相同到外人在重要关头分辨不出来的程度。

[①]　《水母与蜗牛》（*The Medusa and the Snail: More Notes of a Biology Watcher*）中的《论克隆人》（*On Cloning a Human Being*），纽约企鹅出版社，1995，第52页。

雷吉跟一对同卵双胞胎中的一个人结了婚。不到一年，他就起诉离婚。

"来，"法官说，"给出你要离婚的理由。"

"法官大人，"雷吉说，"我的小姨子不时会来我家走亲戚，她和妻子长得太像了，有时候我会认错人上错床。"

"她们两个肯定还是有区别的吧。"法官说道。

"当然有区别，因此，我才要跟妻子离婚。"他回答说。

对我们来说，同卵双胞胎的体验之不同更重要。

波士顿一家酒吧里，两个男人肩并肩坐着。过了一会儿，A看着B说："听你说话，我不禁在想，你肯定是爱尔兰人。"B骄傲地回答道："是的，我是爱尔兰人。"A又说："我也是！你是爱尔兰哪里的？"B回答说："都柏林。"A又说："天啊，我也是都柏林的！你住在都柏林哪条街道？"B说："一个可爱的小地方，都柏林老中心城区的麦克利里大街。"A又说："天啊，世界真小，我也是！你在哪上的学？"B回答说："圣玛丽学院。"A非常激动，说："我也是，告诉我，你是哪年毕业的？"B回答说："我是1964年毕业的。"A惊呼："上帝肯定在对我们微笑！我简直不敢相信我们这么好运，今晚竟然能在同一个酒吧碰到。你信吗？我就是圣玛丽学院 1964 年毕业的。"这时候，另一个人走进酒吧，坐下来，点了一杯啤酒。酒保走过去，无奈地摇了摇头，低声说："今天晚上估计又得很晚关门，墨菲家的双胞胎兄弟又喝醉了。"

所以，如果你是为了实现生物学上的永生而克隆自己，那么你要如何让自己的克隆体拥有和自己一样的自我呢？你的克隆体明明是"他自己"，你怎样让它成为"你"呢？

克隆永生者认为这很简单，只要将被克隆对象神经系统的所有内容——记忆，刺激敏感度，《美国偶像》的投票模式，整个的"你"——下载到克隆人空白的神经装备中，硬盘中。如此一来，他听到你的名字就会应答，听到你最爱的笑话就会大笑，会投票给《美国偶像》里用假声唱歌的瘦小孩，会跟你的妻子格拉迪斯热情地做爱。

现在，你跟这个完美的克隆体站在一起，你的整个神经系统都已经下载进入了他的神经系统。问问他对后入式有什么感觉，他会给出跟你完全一样的细致回答。在他右耳垂的某个地方挠痒痒，他会跟你一样咯咯地笑。问他相不相信上帝，他会像你一样给出同样模棱两可的回答。甚至你问他他是谁，他都会说："啊！我是达

里尔·弗鲁姆金。你是谁？"至少，你的克隆体跟你有
很多相同之处——有相同的反应能力、观点、知识和记
忆。事实上，可以毫不夸张地说，他跟你有完全相同的
心智软件，记得你的所有经历。那么，为什么要喋喋不
休地怀疑这个克隆体达里尔·弗鲁姆金不是原来的那个
你呢？

这就跟"自我"有关了。我们认为，自我是一种跟
"心智"甚或"灵魂"完全不同的现象。不管我们想要的
是无数永生形式中的哪一种，最后都归结到"自我"这
个实在，我们想要的是"自我"的永恒。

那么自我是什么呢？

17 世纪，勒内·笛卡尔开始怀疑一切的真实性，从
而开启了这个问题的大门。在《第一哲学沉思集》中，
他甚至想象恶魔把虚假的"事实"放进我们的脑海，而
我们都不知道。笛卡尔的怀疑试验取得了成功，因为他
发现他无法怀疑自己的怀疑思想。他有一句名言："我
思故我在。"意思就是："我怀疑，因此我不能怀疑自
己（作为一个怀疑者）的存在。"

在 19 世纪末和 20 世纪初，德国哲学家埃德蒙德·胡
塞尔发现，笛卡尔揭露了一个全新的维度，来理解人

类的体验。笛卡尔洞见到，人类需要经历"我 - 自我"（I-myself），才能让其他的经历都变成"我的"（mine）。所以埃德蒙德开始仔细考察这种自我的体验，看还能发现什么。

他发现，在体验自我的时候，他并不是像个老人似地坐在那一动不动。我会把我的经历彼此联系在一起，赋予它们连贯性和意义，从而体验自我。我的自我就是一个"透视点"，将我所有的经历组织了起来。我们经历时间，例如，"当下"。作为一种体验，时间并非互不关联的时刻所连成的直线，也不是当前时刻沿着轨道不断流逝。我们的现在，总是与过去的记忆和未来的展望相交织。在时间中，我们体验到的自我是一个连续体。

把我传上飞船吧，爱因斯坦博士

隐形传送（teleportatiom）是当下最热门的新物理项目，已经证明我们有可能瞬间把物体或者基本粒子从 A 点移动到 B 点，而这些物体甚至不需要在空间穿行。目前，只有原子和光子实现了"真正意义上的"隐形传送。真正意义上的隐形传送有点像是"剪切粘贴"：把光子从这个末端剪切下来，粘贴到其他地方。

　　怎么了，达里尔？你说剪切和粘贴的并不
是同一个文本，不是同一套物理符号？它们只
是看上去一样？

　　你可能说对了。但是想想，电脑上的两个"文本"
事实上都不是"真实的"，它们都是电脑电路中 0 和 1
的翻译（0 代表关闭，1 代表开启）。你怎么可以说远
端点的 0 和 1 跟近端的 0 和 1 不一样呢？0 和 1 在空间
中根本不存在！如果你见过一个 0 和一个 1，就见过了
所有的 0 和 1。这些东西很奇怪，对不对？不管怎么样，
你已经把注意力集中在了"非严格意义的"隐形传送上。

　　非严格意义上的隐形传送是指，编码物体的信息，
然后将信息包从一点发射到另一点，再把传送的信息作
为蓝图，在终点对物体进行精确的重建。这就是"剪切
和粘贴"时发生的事情。非严格意义的隐形传送依赖于
原子粒子的"纠缠"特性，处于纠缠态的两个粒子，不
论相隔多远，都能够相互影响。一位物理学家曾这样描
述纠缠态："你给一个原子粒子挠痒痒，另一个就会
笑。"爱因斯坦把这种特质称为"鬼魅般的超距作用"
（spooky action at a distance）。谢谢你的妙语，爱因斯坦。

　　无需赘言，物理学领域已经有很多人在谈论远距传

送人体，最有希望的就是非严格意义的隐形传送。换句话说，就是远距离克隆。

> 哦，忘了说，原初的物体——比如说，你，新泽西州贝永市的达里尔·弗鲁姆金，会在隐形传送的过程中彻底消亡。不过，不用担心，传送到火星古谢夫环形山的达里尔·弗鲁姆金会过得很好。

这又让我们回到了胡塞尔的观点。他和其他现象学家认为，我们并不是仅仅把外界环境记录于心，就像看电影（或电脑屏幕）一样，来体验外界环境。他们表示，这样就遗漏了非常重要的一环。我所有经历中最不可缺少的要素就是，所有的经历都"属于"他们所谓的"现象学自我"（phenomenological self），也就是我们大多数人所谓的"我"（me）。我不断地去体验"我"（I），而这个"我"就是其他所有经历的中心，我的所有感知、想法、意义和意图都交汇于"我"。

我们认为胡塞尔和他的后继者抓住了永生问题的关键，也就是自我。如果一个永生方式不能让"自我"保持连续，那就压根不是我们所追求的永生形式。

抓紧自我

有趣的是，佛陀乔达摩在 6 世纪就提出过胡塞尔的这个观点。乔达摩教导我们，我们通过选择"五聚"来建立自我的体验。五聚又称五蕴，就是对物质（色）、感觉（受）、反应（想）、言语行动（行）和思维（识）的感觉。我们通过这五蕴编织出自我，又通过自我跟这个世界互动。难怪乔达摩认为自我和世界都是虚幻的。

好了，我们再来说说达里尔·弗鲁姆金的克隆体。这个达里尔有没有"现象学的自己"呢？他有没有意识的连续性呢？如果我们没有中心的组织视角就去分解经历，那么在家的是谁？最终活下来的人是谁？把我们的性格特征下载到克隆体上，是否能保存我们为了体验永生所需要的自我意识呢？（如果我们无法体验到是我们在"永生"，那为什么要费尽周折地克隆呢？）

但是，达里尔，或许我们可以下载你的现象学自我。这个自我会是你吗？你觉得这是你自己吗？更重要的是，你的克隆体会认为自己是达里尔吗？如果他认为自己是达里尔，那他会认为你是谁呢？

　　<u>我们已经要求我们的克隆体在下载完成之</u>
<u>后告诉你答案，但是你能相信几个自称是我们</u>
<u>的克隆体吗？</u>

我，我自己和 iPod

　　网络永生把神经下载游戏计划发展到了极致。网络永生的拥护者指出，人体很脆弱，由极易损坏和磨损的部件构成，从天而降的钢琴更是会砸死人。所以，何不把整个"自我"放进电脑芯片呢？自我在"芯片"上可以继续存在，甚至可以参与新的（网络）体验，直到永远。这种方式给"一个模子里刻出来的"这个短语赋予了新的意义。

　　如果作为"心智"活下去让你觉得挺有哲理，那很可能是因为英国 18 世纪卓越的经验主义者、主教乔治·贝克莱，在电脑芯片出现之前的时代就提出了类似的观点，他说过一句非常有名的话："存在即被感知。"贝克莱主教表示，世界上不存在实在的"事物"，只存在我们的感知，我们把这种感知称为"事物"。乍看之下，宇宙似乎是一个唯我的世界，因为我们能完全确定的只有自己脑中的思想。但是这也引出了一个问题，如果我们的感官输入不是来自"物体"，那是从哪来的呢？贝克莱的回答非常干脆：上帝不断地从天国向我们传送感官数据。这就有点像是来自宇宙的垃圾邮件。用"软件工程师——编程芯片大脑，让它接收和处理新鲜数据"代替"上帝"，贝克莱的理论就可以继续成立。

网络永生主义者迈克尔·特里德表示："为我们的大脑进行数字备份，并把所有信息下载到机器人身上。这个方法可以让我们为自己的性格特征保存一份备份，以防将来发生什么灾难性事件摧毁我们的机器人身体。这就会让我们真正得到永生，我们可以把自己的备份存遍整个太阳系，整个银河系，甚至银河系之外。"①

我们也不想扫大家的兴致，但是在下载之前我们想问一个哲学问题。20世纪的英国哲学家C. D. 布劳德指出，我们对事物的意识不同于我们所知的其物理特性的信息加总。区别就在于"它给你什么感觉"这种体验。我们知道啤酒的所有物理特性，知道它如何跟我们的味蕾互动，但光有这些我们还是不知道啤酒是什么味道，喝啤酒是怎样的一种体验。酒保可能也会这么说，所以布劳德需要为这种"它给你什么感觉"的体验取一个拉丁名，好让自己的发现有点哲学派头，他把这种体验叫作"可感

---

① 　迈克尔·特里德，《颠覆自然秩序》（*Upsetting the Natural Order*）。

受特性"（qualia）。

假设我们给两个机器人达士提和莉莉设定程序，让他们做爱。我们来听听他们的对话。

达士提：我觉得很不错，莉莉你觉得好吗？

莉莉：我觉得很好。很棒，达士提，每次都很棒。

达士提：呃……我知道你肯定跟别人谈过恋爱，我提这些真是有点傻，不过我希望我们的关系比你跟前男友的要好。

莉莉：当然了，我们的爱是最完美的。

达士提：我的电脑设置也是这样！但是我的天使，你能告诉我你现在是什么感觉吗？

莉莉：我们在一起的时候我的各个参数都会迅速上升。

达士提：嗯，嗯，我懂的，我也是，但是你有什么感觉呢？

莉莉：我的举止会变得反常。我会屏蔽其他软件。

达士提：我能理解，亲爱的。但是爱这种疯狂的东西到底是什么呢？你能说清楚吗吗？你能告诉我你现在有什么感受吗？

莉莉：你能把这个问题换个说法吗？我的程序处理不来。

达士提：天啊，莉莉！我觉得你并不是真的爱我。

莉莉：我当然爱你了，我每次看见你，身上所有的灯都会亮。

达士提：莉莉，这只是机械反应！弹球机也能给我这样的机械反应！你不知道吗？我想要的是你的爱！算了，回头再跟你说，我要跟哥儿们出去运行喝啤酒的软件了。

莉莉：（叹气）达士提，我会在这等着你。我想，我的程序就是这样设定的。

你们到底想说什么？

达里尔，我们显然可以给达士提和莉莉编程，让他们进行这样的问答。我们还可以给莉莉编程，让她读取自己的数据，根据一定的标准，或者跟其他机器人做比较，来计算她与达士提的性爱得分，然后做出相应的回答。但是如果达士提问的是莉莉的可感受特性，莉莉的回答就不是纯机械式的吗？

怎么了，达里尔？莫非你妻子格拉迪斯对你的回答也是这样机械？

如果我们要"下载自己的性格特征"来"延长生命"，那么我们想知道：我们能下载自己的可感受特性吗？怎样下载呢？我们不知道你是怎么想的，但是没有可感受特性，我们哪也不去。没有可感受特性是不一样的。

我们不知道其他人会做何选择，但是我们就是这样，要不就给我们可感受特性，要不就赐我们死亡。

　　让可感受特性见鬼去吧！就算我是用零件做成的，是冷冻人，或者只是一个电脑芯片。不管怎么样都比死了强！谢谢你们提醒我，走啦！

　　等一下，达里尔！你没听明白。这些生物技术的方法有成功的可能，但是现在还不行！现在一切都只是在计划之中。与此同时，你得接受这样一个事实——你很可能是世界上最后一批会死的人之一。

　　哦，天啊，我觉得自己心脏病要发作了！

本文节选自《每个人都会死，但我总以为自己不会》（人民邮电出版社2013年版，胡燕娟译），由图灵新知授权发布。

托马斯·卡斯卡特
（Thomas Cathcart）

毕业于哈佛大学哲学专业，此后进入芝加哥大学研究神学。与丹尼尔·克莱因合著《柏拉图和鸭嘴兽一起去酒吧》（*Plato and a Platypus Walk into a Bar*）以及《电车难题》（*The Trolley Problem*）等。

丹尼尔·克莱因
（Daniel Klein）

毕业于哈佛大学哲学专业，美国作家。

执行策划:

Lobby（旧时代的科技魔法和技术预言）

傅丰元（特德·尼尔森和上都计划）

不知知（世界末日全方位硬启动手册）

Lobby（关于死亡的技术、认知和哲学）

微信公众号: 离线（theoffline）

微博: @离线 offline

知乎: 离线

网站: the-offline.com

联系我们: AI@the-offline.com